MIS INSTRUMENTOS CIENTÍFICOS

UN LIBRO DE EL SEMILLERO DE CRABTREE

Julie K. Lundgren
y Pablo de la Vega

Usamos **instrumentos** científicos para explorar, preguntar y aprender.

¿Qué tan largo es esto?

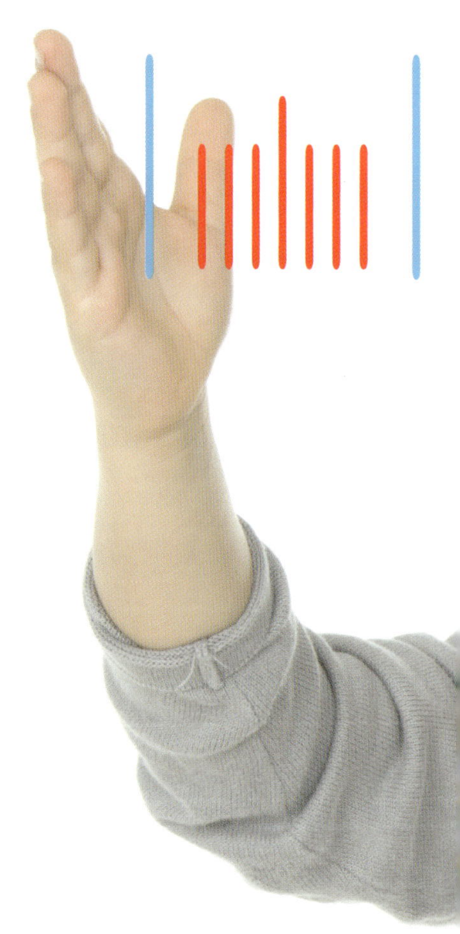

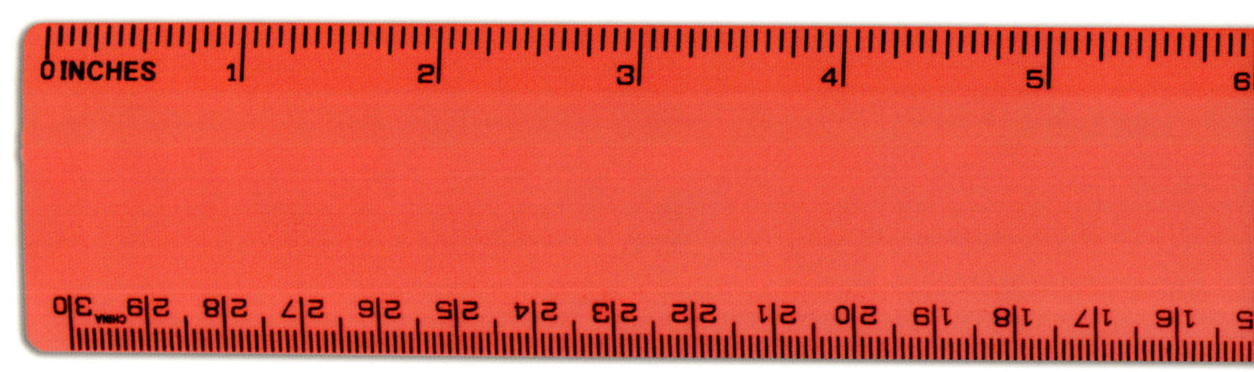
0 INCHES
1
2
3
4
5
6

Usa una regla para descubrir su **longitud**.

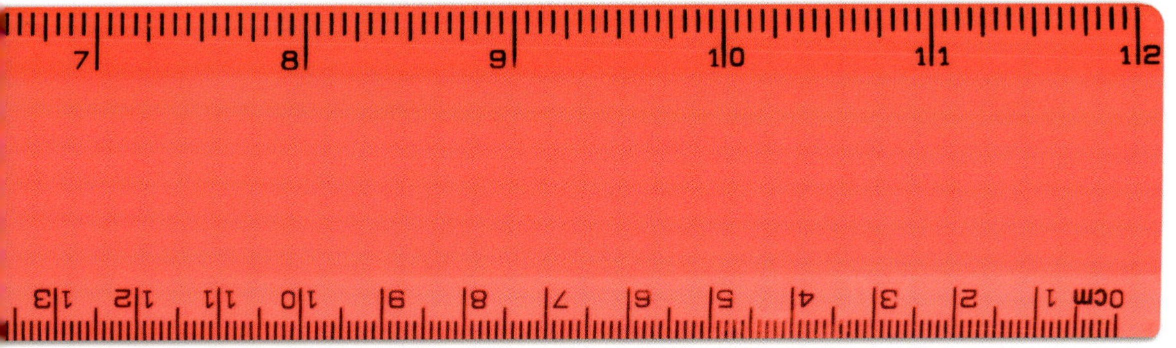

¿Qué tan pesado es?

Usa una **báscula** para pesarlo.

Quiero ver de muy cerca.

Usa una **lupa** para hacer *zoom*.

Usa un **microscopio** para hacer un *zoom* aún mayor.

Usa una **tableta** para guardar lo que aprendiste.

Los instrumentos científicos nos ayudan a ver, saber y pensar acerca del mundo que nos rodea.

Glosario

báscula: una báscula es una herramienta que usamos para pesar cosas y descubrir cuán pesadas son.

instrumentos: los instrumentos son cosas que usamos para ayudarnos a hacer un trabajo.

longitud: la longitud es lo que nos dice cuánto mide algo de un extremo al otro.

lupa: una lupa es un instrumento con un cristal en forma curva a través del cual las cosas se ven más grandes.

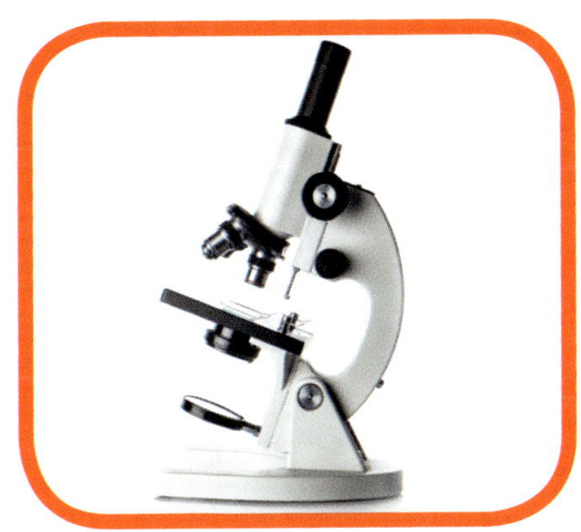

microscopio: un microscopio es una herramienta que tiene una lente poderosa que nos permite ver cosas muy pequeñas de cerca.

tableta: una tableta es una computadora pequeña fácil de transportar y que es usada para guardar y compartir nuestras notas e ideas.

Índice analítico

Apoyos de la escuela a los hogares para cuidadores y maestros

Los libros de El Semillero de Crabtree ayudan a los niños a crecer al permitirles practicar la lectura. Las siguientes son algunas preguntas de guía que ayudan a los lectores a construir sus habilidades de comprensión. Algunas posibles respuestas están incluidas.

Antes de leer:

- **¿De qué piensas que tratará este libro?** Pienso que este libro tratará acerca de las herramientas que la gente usa para obtener conocimientos científicos.
- **¿Qué quiero aprender sobre este tema?** Quiero aprender los nombres de distintas herramientas científicas.

Durante la lectura:

- **Me pregunto por qué...** Me pregunto cuánto pesa el conejo.
- **¿Qué he aprendido hasta ahora?** Aprendí que las reglas, las básculas, las lupas, los microscopios y las tabletas son herramientas científicas.

Después de leer:

- **¿Qué detalles aprendí de este tema?** Aprendí que las lupas y los microscopios ayudan a la gente a ver los objetos más de cerca.
- **Lee el libro de nuevo y busca las palabras del vocabulario.** Veo la palabra ***longitud*** en la página 7 y la palabra ***báscula*** en la página 10. Las demás palabras del vocabulario están en las páginas 22 y 23.

Library and Archives Canada Cataloguing in Publication

Title: Mis instrumentos científicos / Julie K. Lundgren y Pablo de la Vega.
Other titles: My science tools. Spanish
Names: Lundgren, Julie K., author. | Vega, Pablo de la, translator.
Description: Series statement: Mis primeros libros de ciencia | Translation of: My science tools. | Translated by Pablo de la Vega. | "Un libro de el semillero de Crabtree". | Includes index. | Text in Spanish.
Identifiers: Canadiana (print) 2021010211X | Canadiana (ebook) 20210102128 | ISBN 9781427132178 (hardcover) | ISBN 9781427132284 (softcover) | ISBN 9781427135834 (read-along ebook)
Subjects: LCSH: Scientific apparatus and instruments—Juvenile literature.
Classification: LCC Q185.3 .L8618 2021 | DDC j502.8—dc23

Library of Congress Cataloging-in-Publication Data

Names: Lundgren, Julie K., author.
Title: Mis instrumentos cientificos / Julie K. Lundgren y Pablo de la Vega.
Other titles: My science tools. Spanish
Description: New York : Crabtree Publishing, 2021. | Series: Mis primeros libros de ciencia - un libro de el semillero de Crabtree | Includes index. | Audience: Ages 5-7 | Audience: Grades K-1 | Summary: "This book takes a first look at the tools young scientists can use to explore the world around them"-- Provided by publisher.
Identifiers: LCCN 2020058014 (print) | LCCN 2020058015 (ebook) | ISBN 9781427132178 (hardcover) | ISBN 9781427132284 (paperback) | ISBN 9781427135834 (ebk)
Subjects: LCSH: Scientific apparatus and instruments--Juvenile literature.
Classification: LCC Q185.3 .L8618 2021 (print) | LCC Q185.3 (ebook) | DDC 502.8/4--dc23
LC record available at https://lccn.loc.gov/2020058014
LC ebook record available at https://lccn.loc.gov/2020058015

Crabtree Publishing Company
www.crabtreebooks.com 1–800–387–7650
Print book version produced jointly with Blue Door Education in 2021

Author: Julie K. Lundgren
Production coordinator and prepress technician: Katherine Berti
Print coordinator: Katherine Berti
Translation and adaptation into Spanish: Pablo de la Vega
Edition in Spanish: Base Tres

Photo credits: shutterstock.com/ Cover © A3pfamily; page 2-3 © Rawpixel.com; page 4-5 © Dave Pot; page 6-7 ruler © Kitch Bain, Chawalit Chanpaiboon, gecko © Chawalit Chanpaiboon; page 8 © ravel, page 9 © Pair Srinrat, page 10-11 © Tinxi; page 12-13 © A3pfamily, page 14-15 © Pavel.Proc; page 16-17 © Bernad; page 18-19 © Yuliia V; page 20-21 © Rawpixel.com All photos from www.Shutterstock.com

e-book ISBN 978-1-949354-86-7

Printed in the U.S.A./022021/CG20201215

Published in Canada
Crabtree Publishing
616 Welland Ave.
St. Catharines, Ontario
L2M 5V6

Published in the United States
Crabtree Publishing
347 Fifth Ave.
Suite 1402-145
New York, NY 10016

Published in the United Kingdom
Crabtree Publishing
Maritime House
Basin Road North, Hove
BN41 1WR

Published in Australia
Crabtree Publishing
Unit 3 – 5 Currumbin Court
Capalaba
QLD 4157